SO ISSES JA!

FUER MEINEN EHEMANN

MICHELLE HAT EINE IDEE

MICHELLE ERINNERT SICH DARAN, DASS GOOD PET, ALS ER NOCH THE BAD PET WAR UND EINEN KURZGESCHICHTENBAND ZUM 20 JAEHRIGEN JUBILAEUM EINER MUSIKGRUPPE HERAUSGEBRACHT HAT (BASIEREND AUF WAHREN BEGEBENHEITEN, ES SIND KURZGESCHICHTEN UEBER MENSCHEN UNTERSCHIEDLICHER

NATIONALITAETEN, DIE EINES VERBINDET: DIE MUSIK) AUCH EINEN MUSIKER DIESER BAND KENNENGELERNT HAT. UND IHR EHEMANN, XAVIER, DER KUENSTLER, KURZ X, HAT BEIM AUFTRITT IN UEBERSEE EINEN DER MUSIKER DER BAND KENNENGELERNT. LAKE NENNT ER SICH UND ER HAT HEUTE AM 16. NOVEMBER GEBURTSTAG.

SIE HAT SICH UEBERLEGT, DEM MUSIKER AUF EINE GANZ SPEZIELLE ART ZU GRATULIEREN, IN DEM SIE EIN BILD VON X UND IHM IN EINEM SOZIALEN NETZWERK VEROEFFENTLICHT.
DADURCH IST DAS AUCH GUT FUER DIE STIFTUNG VON AMBER. GOOD PET UND SEINE FRAU HAESCHEN SIND BEGEISTERT.

AMBER FREUT SICH

GOOD PET UND HAESCHEN SIND VOR EINIGER ZEIT AUS DER WG AUSGEZOGEN, UM SAMMY BEI SEINEM SOZIALEN PROJEKT ZU HELFEN. ER HAT SIE UM HILFE GEBETEN. SIE HABEN EINIGE MONATE BEI IHM GEWOHNT, DOCH SAMMY IST FUER EINIGE MONATE AUF EINE ART WELTREISE GEGANGEN, IMMER VOR ORT, WO NOT HERRSCHT. DORT HAT ER KIRA BIEN

KENNENGELERNT, DIE GERADE IM DSCHUNGEL ALS BOTSCHAFTERIN TAETIG WAR. DIE BEKANNTE SCHAUSPIELERIN UND IHR EHEMANN, NICK SICK, EBENFALLS EIN BEKANNTER SCHAUSPIELER, HABEN IHRE SACHEN GEPACKT, SIND NACH PETCITY UND HABEN ZUSAMMEN MIT DEN CUTE PETS EINEN FILM GEDREHT. JEDENFALLS SIND GOOD PET UND HAESCHEN WIEDER IN DIE WG GEZOGEN, JEDOCH IST

IHR ZIMMER AN EINE NEUE
MITBEWOHNERIN
VERMIETET - AMBER, DIE
AKROBATIN UND ARTISTIN -
DOCH ALLES KEIN
PROBLEM. SIE UND KITTY
SIND DIE EINZIGEN SINGLES
DER MUSIKER, KUENSTLER,
AUTOREN UND DESIGNER WG
UND DIE BEIDEN GIRLS
TEILEN SICH JETZT EIN
ZIMMER. GOOD PET UND
HAESCHEN SIND WIEDER IN
IHREM ALTEN ZIMMER, DIE
CUTE PETS SIND JETZT
INKLUSIVE DEM

WELTREISENDEN SAMMY ZU
11. ALS AMBER VON
MICHELLES IDEE GEHOERT
HAT, HAT SIE SICH SEHR
GEFREUT.

KITTY UND IHRE FREUNDINNEN

KITTYS PROMINENTE FREUNDINNEN, DIE STARS AUS DER 10 TEILIGEN KINDERBUCHREIHE SO ISSES GEHEN IN DER SCHWEIZ AUF DAS INTERNAT. KITTY HAT JEDOCH UEBER DIE DIGITALEN MEDIEN KONTAKT ZU DEN MAEDELS, AUSSERDEM WAR SIE VOR EINIGEN MONATEN ZU BESUCH IN DER SCHWEIZ.

SIE UND MICHELLE SCHAUEN
SICH BILDER AN, DA KOMMT
IHNEN DIE IDEE FUER EIN
NEUES BUCH: SO ISSES JA!
IST DER TITEL. KITTY MUSS
LACHEN. AMBER UND KITTY
CHATTEN MIT DEN DREI IN
DER SCHWEIZ, DIE DIESE
IDEE SEHR GUT FINDEN.

...

KITTY HAT MICHELLE GEKNIPST. SIE WEISS, DASS X EIN GANZ BESONDERES GESCHENK FUER SEINE EHEFRAU GEPLANT HAT...

BESONDERS DANKE ICH MEINEM EHEMANN

www.ingramcontent.com/pod-product-compliance
Lightning Source LLC
Chambersburg PA
CBHW041121180526
45172CB00001B/372